気候帯でみる！自然環境

① 熱帯

監修／高橋日出男
著／こどもくらぶ

少年写真新聞社

はじめに

　地球上でくらす生きものには、地域によってことなる特徴がみられます。こうした特徴の多くは、地域の気候から大きな影響を受けています。

　そもそも「気候」とは、毎年くりかえす天気の特徴のことをいいます。気候には緯度、海流、地形などが影響していて、世界各地にさまざまな気候の特徴をもった地域があります。世界の地域は、降水量や気温などをもとに、おおまかにいくつかの「気候帯」に分けることができます。分けかたはいくつかありますが、もっとも広く使われているのは、ドイツ人の気候学者であるケッペンが考案した気候区分です。ケッペンの気候区分では、生えている植物（とくに樹木）の種類に注目し、気温と降水量をもとにして、世界を「熱帯」「乾燥帯」「温帯」「冷帯」「寒帯」の5つの気候帯に分けています。

　近年、地球全体で気温が上昇しています。気温の上昇とともに、降水量が変化している地域もあります。これはつまり、気候の変化です。実際に世界では、これまでとちがう気候区分になった地域もあります。気候が大きく変化すれば、生きていけなくなる生きものが出るおそれがあります。わたしたちは、世界にはどのような気候があるのか、しっかりと理解しておく必要があるのです。

　この「気候帯でみる！　自然環境」のシリーズは、「熱帯」「乾燥帯」「温帯」「冷帯・高山気候」「寒帯」の全5巻からなっています。なぜ熱帯では雨が多いのか、なぜ乾燥した気候になるのかなど、気候そのもののしくみや、気候が生きもののくらしにどう影響しているのか、くわしく解説しています。このシリーズを読んで、地球の環境について理解を深めていきましょう。

※もともとケッペンの気候区分に「高山気候」はありませんが、特徴のある気候とされているため、ひとつの気候区として特別にとりあげています。

もくじ

はじめに 2

熱帯の自然環境

熱帯の気候区分 4
熱帯の気象災害 6
熱帯の植物① 熱帯雨林 8
熱帯の植物② サバナ 10
熱帯の動物① 熱帯雨林気候 12
熱帯の動物② サバナ気候 14
熱帯の農業① 焼畑農業 16
熱帯の農業② 稲作 18
熱帯の農業③ プランテーション農業 20

● 熱帯の都市 **1**
ブラジル　マナウスのくらし 22

● 熱帯の都市 **2**
バングラデシュ　ダッカのくらし 24

● 熱帯の都市 **3**
タンザニア　ダルエスサラームのくらし 26

● 熱帯の都市 **4**
オーストラリア　ダーウィンのくらし 28

さくいん 30

熱帯の自然環境

熱帯の気候区分

熱帯は、1年を通じて気温の高い地域です。
熱帯にふくまれる地域は、赤道付近に集中しています。

★ 熱帯って、どんなところ？

ケッペンの気候区分（→P2）では、熱帯は、「もっともさむい月の平均気温が18℃以上」とされています。つまり、1年を通して樹木が生育できるほどあたたかいところだといえます。

また、熱帯は雨が多いことも特徴で、ふる時季や量によって、次の2つに分けられます。

◆ **熱帯雨林気候**：1年を通じて大量の雨がふります。とくに、日中に短時間だけふるはげしい雨は、「スコール」ともよばれます。

◆ **サバナ気候**：「雨季」と「乾季」がはっきり分かれています。

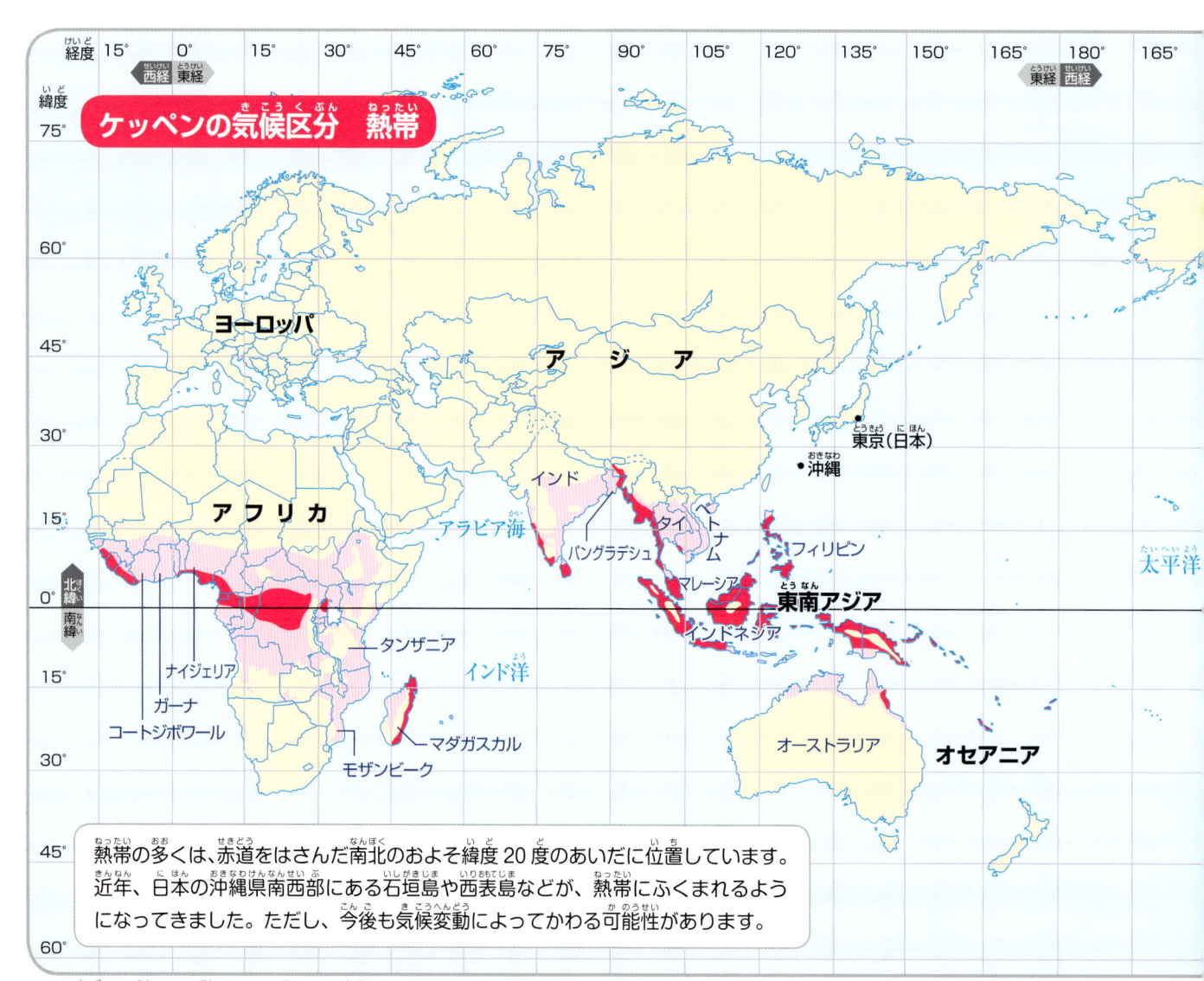

ケッペンの気候区分　熱帯

熱帯の多くは、赤道をはさんだ南北のおよそ緯度20度のあいだに位置しています。近年、日本の沖縄県南西部にある石垣島や西表島などが、熱帯にふくまれるようになってきました。ただし、今後も気候変動によってかわる可能性があります。

※この地図では主にこの本のなかに出てくる地名をしめしています。

赤道直下の地域は、1年を通して受ける太陽の熱の量が多く、気温が高くなりやすい。

熱帯で雨が多い理由

① 赤道近くでは日光が真上近くからあたり、海水が蒸発して水分をたくさんふくんだあたたかい空気が生まれる。

② あたたかくしめった空気が風ではこばれて集まってくる。

③ 赤道付近でぶつかったあたたかくしめった空気は、上昇気流となって雲をつくり、雨がふる。

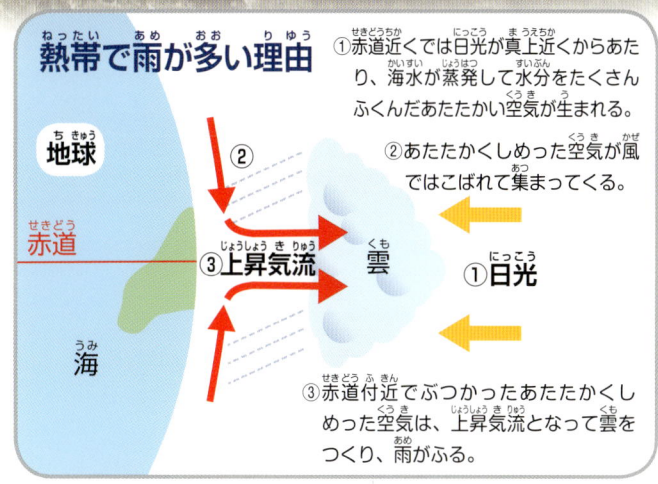

■ 熱帯雨林気候
■ サバナ気候

⭐ 雨季と乾季

雨季と乾季は、何mm以上ふったら雨季、何mm以下だったら乾季などといった基準はありません。ほぼ毎年おとずれる、雨の多い時季を「雨季」、雨の少ない時季を「乾季」とよびます。熱帯では、1年を通じて気温があまり大きく変化しないため、日本の四季にあたるものはありません。降水量の変化をもとに分けられた雨季と乾季があるだけです。

なお、乾燥帯や温帯の一部の地域でも、雨季と乾季のあるところがあります。

2012年1月、アフリカのモザンビークでは熱帯低気圧による大雨と強風で、たくさんの家が破壊された。
©WFP／Naomi Scott

熱帯の気象災害

雨の多い熱帯では、ひんぱんに洪水がおこります。
さらに、台風やハリケーン、サイクロンにもなやまされます。

✿ 洪水と干ばつ

大量の雨がふる熱帯では、たびたび川があふれだし、洪水をひきおこします。近年は、**地球温暖化**の影響で雨が長くふったり、はげしくふったりするようになったともいわれています。

また、雨季と乾季の差がはげしくなっているともされています。雨季には大雨がつづいて大洪水がおきたと思えば、乾季には一滴の雨もふらなくなったり、乾季が長びいて、地割れがおきるほどの干ばつにみまわれたりすることもあります。

➡ **地球温暖化**：二酸化炭素などの増加によって地上の熱がとじこめられ、気温が少しずつ上がってきている現象。気温が高くなると空気中にふくむことのできる水蒸気の量が変化し、雨のふりかたも変化する可能性がある。

熱帯の自然環境

★ 熱帯低気圧

熱帯の地域は、強い雨や風をともなう「熱帯低気圧」になやまされます。

熱帯の海上では海水がさかんに蒸発し、雲ができやすくなっています。雲がたくさん集まって発達すると、熱帯低気圧となります。熱帯低気圧は、さらに勢力をまして風速が一定以上になると、「台風」「ハリケーン」「サイクロン」などとよばれます。

近年、こうした熱帯低気圧が強大化し、大雨や高潮による大きな被害が出るようになっています。今後、地球温暖化によって海水温が上がると、さらにはげしい豪雨をもたらすような、非常に強力な熱帯低気圧がふえるという予測もあります。

> 高潮：低い気圧によるすいあげの影響や、ふきよせる風によって海面がもちあがる現象。

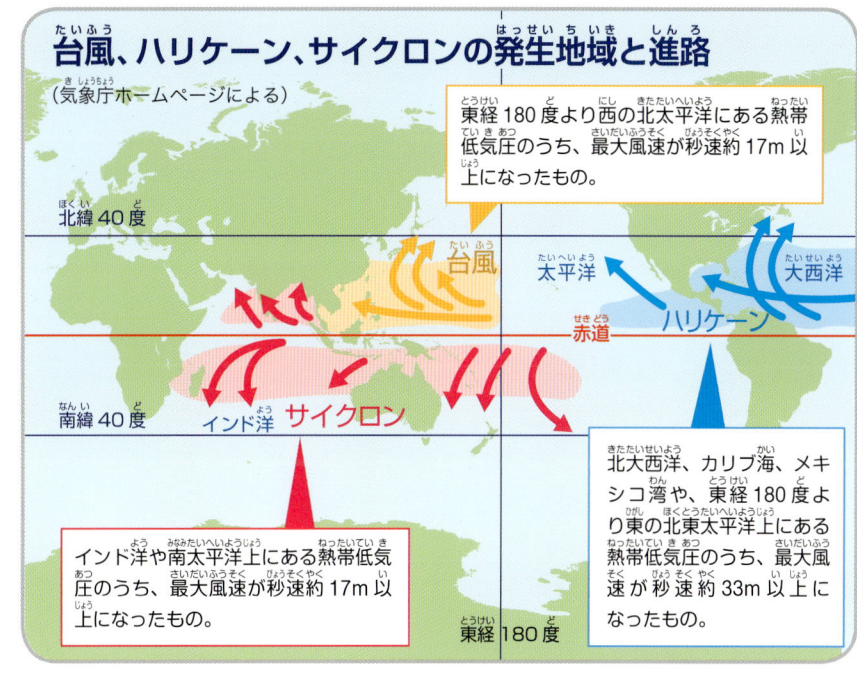

台風、ハリケーン、サイクロンの発生地域と進路
（気象庁ホームページによる）

東経180度より西の北太平洋にある熱帯低気圧のうち、最大風速が秒速約17m以上になったもの。

インド洋や南太平洋上にある熱帯低気圧のうち、最大風速が秒速約17m以上になったもの。

北大西洋、カリブ海、メキシコ湾や、東経180度より東の北東太平洋上にある熱帯低気圧のうち、最大風速が秒速約33m以上になったもの。

2007年6月に発生し、アラビア海の周辺地域に大きな被害をもたらしたサイクロン。

熱帯の植物① 熱帯雨林

気温が高く、雨の多い熱帯は、植物の楽園ともいえる環境にあります。地球上の植物の約半分が熱帯雨林に集中しているといわれています。

✪ 熱帯雨林って?

熱帯のなかでも、とくに年間を通して雨の量が多い地域では、「熱帯雨林」とよばれる森林がみられます。南アメリカのアマゾン川(→P22)流域の熱帯雨林は「セルバ」、東南アジアやアフリカの熱帯雨林は「ジャングル」ともよばれます。

✪ 熱帯雨林の土

熱帯雨林の地表は温度や湿度が高く、土にすむ動物や、菌類がさかんに活動しています。これらの生きものは落ち葉やかれ枝を分解して養分をつくりだしています。しかし、たくさんふる雨によって流されてしまうので、養分は土にたくわえられにくくなっています。

さらに、森林が伐採されて地面がむきだしになったところへ強い雨がふると、表面の土はあらいながされて、かたくて栄養のないあれ地となってしまいます。最悪の場合、植物が生えない土地となってしまいます。

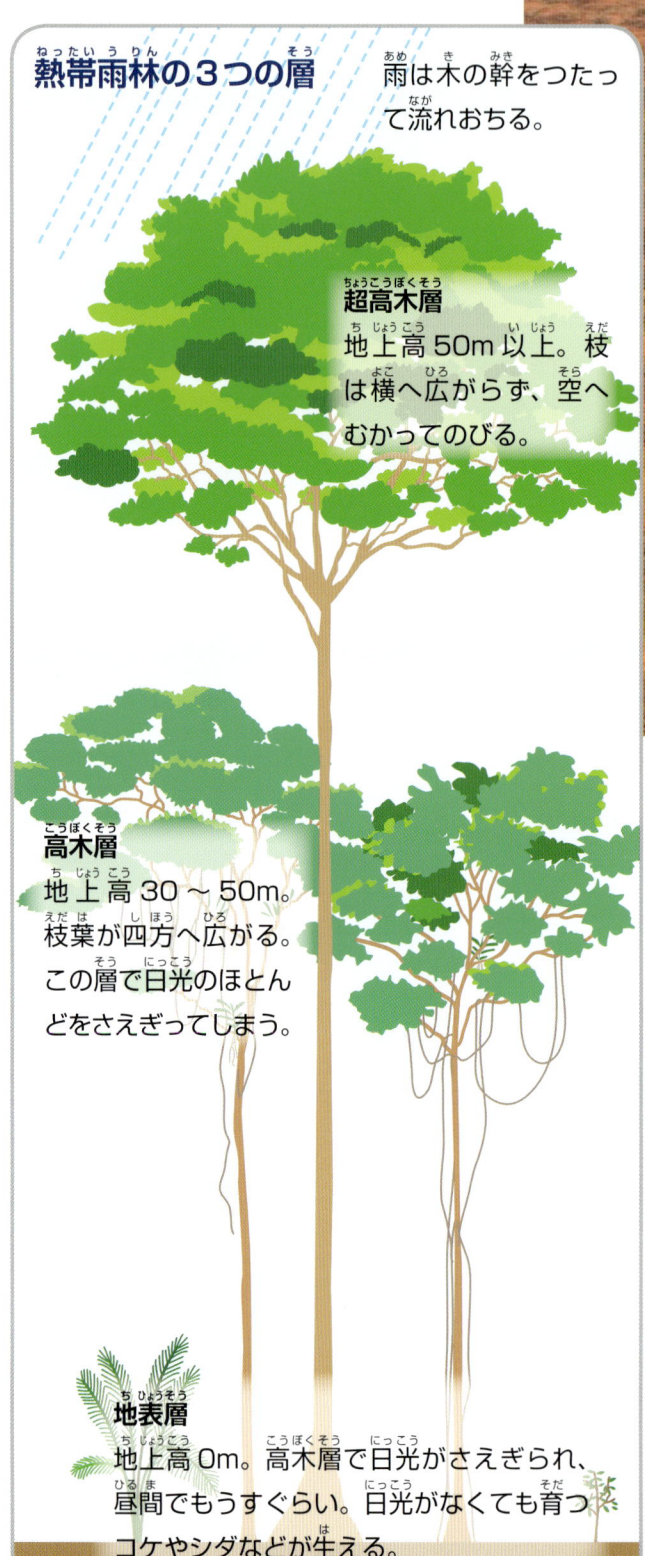

別名のある熱帯雨林とサバナ (→P10)

- リャノ
- セルバ(南アメリカ)
- カンポ
- グランチャコ
- ジャングル(アフリカ)
- ジャングル(東南アジア)

熱帯雨林の3つの層

雨は木の幹をつたって流れおちる。

超高木層
地上高50m以上。枝は横へ広がらず、空へむかってのびる。

高木層
地上高30〜50m。枝葉が四方へ広がる。この層で日光のほとんどをさえぎってしまう。

地表層
地上高0m。高木層で日光がさえぎられ、昼間でもうすぐらい。日光がなくても育つコケやシダなどが生える。

熱帯の自然環境

🌟 熱帯雨林の破壊

植物は、生きものが生きていくのに必要な酸素をつくりだし、二酸化炭素を吸収しています。また、木の根が網の目のように土のなかに広がり、土や石をしっかりとつかまえ、雨の多い地域でも土砂くずれをふせぐなどの役割をはたしています。

とくに熱帯雨林は、大量の二酸化炭素を吸収し、酸素をつくりだしていることから「地球の肺」とよばれています。ところが近年、熱帯雨林がどんどんへっています。材木として多くの木が切りだされたり、材木をはこぶための道路建設によって切りひらかれたりしているからです。

また、たき火や焼畑の失敗による火災も、熱帯雨林の破壊の大きな原因となっています。

Photo：GREENPEACE/AP/アフロ

農地をつくるために切りひらかれてしまった、アマゾンの熱帯雨林。

➕1ワン 海ぞいにみられる森林、マングローブ

熱帯や温帯の一部では、河口付近の真水と海水がまじりあうところで「マングローブ」とよばれる森林がみられます。マングローブの植物は、海水にふくまれる塩分を体外に出すしくみをもっています。また、潮がみちても酸素をとりこめるように、根が地表にもりあがっていたり、上へむかって生えたりしています。

マングローブは、東南アジアをはじめ、日本でも沖縄（本島）の南西にある八重山諸島などでみられます。しかし、東南アジアではエビの養殖などのために切りひらかれ、しだいにへってきています。

石垣島（沖縄県）のマングローブ

熱帯の植物② サバナ

雨季と乾季がはっきり分かれた気候では、乾季を生きぬくことのできるような乾燥に強い植物がみられます。

🌟 さまざまなよび名

「サバナ」とは、もともとアフリカの中部に広がる草原をさす言葉でした。同様の草原は南アメリカに多くみられ、「リャノ」「カンポ」「グランチャコ*」（→P8地図）などとよばれています。

サバナ気候のこうした草原では、雨季になるとたけの高い草がおいしげり、まばらに生えた木にも葉がしげります。乾季に入ると草はかれ、木の葉は落ちてしまいます。これは、葉を落とすことで光合成をやめ、水分がうしなわれるのをふせぐためのしくみです。こうしたしくみをもつ木は「落葉樹」とよばれます。

*単に平野をさす場合もあります。

アフリカの国、ナイジェリアの草原。上が雨季で下が乾季のようす。

南アメリカの国、ブラジル北東部に広がる森は、乾季になって葉がなくなると、白い幹があらわれて森全体が白っぽくみえることから「カーチンガ（白い森）」とよばれる。

グランチャコに多くみられる「ケブラチョ」の木。非常にかたいことで有名。木からとれる「渋」は皮をなめすのに使われる。

熱帯の自然環境

アフリカの島国、マダガスカルのバオバブの木。若葉にはミネラルが豊富にふくまれている。

✿ 主役はイネ科の植物

　サバナ気候に生えている植物の多くはイネ科です。食べられてもすぐに生えてくるため、多くの動物のえさになります。また、ヒゲ根といって、根が広くあさくはっていて、たくさんの動物にふまれても折れずにもちこたえられます。同時に、動物の毛やフンにまぎれて種がはこばれるなど、動物との共存関係がうまくなりたっています。

　アフリカのサバナでは、バオバブ、アカシアなど、乾燥に強い5〜10mの木がまばらに生えています。バオバブは、雨季には10トン近くの水分を幹にたくわえ、乾季になると葉を落としてたくわえた水分で生きのびています。

バオバブの実。果肉にもビタミンとカルシウムが豊富なため、貴重な食料となる。

アカシアの木。枝にトゲがあり、葉をまもっているが、キリンは長い舌を上手につかってトゲをよけて葉を食べてしまう。

東南アジアの島国、インドネシアのスマトラ島にすむオランウータン（マレー語で「森の人」という意味）。人間とにた行動をとることがある。

熱帯の動物① 熱帯雨林気候

熱帯雨林は多種多様な動物が生息しています。ところが近年、熱帯雨林が減少し、多くの生きもののすみかもへっています。

🌟 生きものの楽園

熱帯雨林には、とても多様な植物が生えていますが、これは、食料が豊富にあり、多様な動物が生きていける環境にあることを意味しています。熱帯雨林の面積は、地球の面積の1割にもみたない広さですが、地球上の生きものの半数以上がいるといわれています。また、熱帯雨林には未発見の生きものが数多くいると考えられています。

東南アジアの島国、インドネシアのスマトラ島にすむスマトラトラ。ほかの種類のトラよりも小型とされる。

熱帯の自然環境

アマゾンの熱帯雨林の動物

超高木層
直接日光があたり、とてもあつくなるため、ほ乳類は少なく、鳥や虫が多い。

オウギワシ。樹上からえものをねらう。比較的大きなほ乳類をおそうこともある。

高木層
超高木層である程度の日光がさえぎられるため、日中の気温はほ乳類がくらすのにちょうどよいあたたかさにたもたれている。強い雨風からもまもられている。

ナマケモノ。一日のほとんどを、木にぶらさがってすごす。

コモンリスザル。尾で木にぶらさがる。

ジャガー。しげみにまぎれる体のもようになっている。

コアリクイ。尾や手足を使って木の上を上手に移動する。

地表層
日光があまり入ってこないので、高木層ほど気温が高くない。

アグーチ。木の実などを土中にうめておく性質があり、それらが植物の繁殖を助ける。

カピバラ。ネズミのなかまでは最大。水辺にすむ。

ラッパチョウ。ほとんどとばず、歩いて移動する。えさはサルが落とした木の実など。

南アメリカ北部にすむベニコンゴウインコ。くちばしがかたく、木の実をわることができる。

中央アメリカから南アメリカ北部にすむキオビヤドクガエル。

⭐ 熱帯雨林に生きる動物

熱帯雨林の「超高木層」「高木層」「地表層」（→P8）では、それぞれことなる種類の生きものがみられます。なかでも、高木層には多くの種類のほ乳類＊が、適度な距離をたもちながら、うまく共存しています。大きな葉の植物が多く、ほかの動物から身をかくしやすいというのが理由のひとつです。逆に、仲間の姿もみえにくいので、鳴き声などでコミュニケーションをとる動物が多くみられます。

また、明るい色やはでな模様をした生きものが多くみられます。これは、ひとつにはたくさんの生きものがいるなかで、自分たちの仲間をすぐにみわけるためだと考えられています。また、毒をもつ生きものは、そのことをはでな色や模様で警告しているのだともいわれています。

＊乳で子どもを育てる動物。

熱帯の動物② サバナ気候

サバナ気候では、広大な自然のなかで、たくさんの動物がくらしています。動物の数は多くても、共存関係がうまくなりたっています。

✪ サバナ気候に生きる動物

サバナ気候の草原には、熱帯雨林にくらす動物とくらべると大型のものがみられます。これは、草木からでも多くの栄養をとれるよう、かたい繊維を分解・吸収できる高い能力をそなえた大きな内臓をもっているからだと考えられています。

サバナ気候にくらす動物たちにも、うまく共存関係がなりたっています。サバナ気候の草原にくらす動物の約99％は草食動物だといわれていますが、みんなが同じ植物を食べるわけではありません。うばいあいにならないように、別の植物を食べたり、同じ植物の別の部分を食べたりしています。これを「食べ分け」といいます。

アフリカゾウの親子。大きな耳から熱をにがして体温を調節している。

食べ分けの例

アカシアの木の高いところの葉を食べるキリンは、長い首をもつ。

イボイノシシは、地面の草や根をほりかえして食べられるよう、長くのびた犬歯をもつ。

ジェレヌクはうしろ足で立ちあがり、木の低いところの葉を食べる。

アフリカのサバナの動物

ヌーは遠くはなれたところでふりはじめた雨を察知して、群れでいっせいに移動する。多くの動物は、乾季と雨季でかわる水場をもとめて長距離を移動することもあって、じょうぶな足とひづめをもっている。

熱帯の自然環境

ライオンの群れに注意をはらうシマウマ。

✪ 群れをつくる

　サバナ気候の草原にくらす動物には、群れをつくる習性をもつものが多くみられます。きびしい環境でも力をあわせ、子孫をのこせるようにするためです。

　たとえば、多くの肉食動物は群れで協力して狩りをします。とくにライオンの狩りは有名です。一方でえものをひきつけておきながら、もう一方からおそいかかるなどして狩りの成功率を高めます。

　それに対して、草食動物は大量の群れをなして周囲をみはります。肉食動物が近づいていることに気づくと、群れに知らせていっせいににげだします。その際にも、四方ににげることでねらいをさだめにくくし、生きのびる確率を高めているのです。

クロサイ。皮ふがあつく、草や木の枝でこすれてもきずになりにくい。

鳥類では最大となるダチョウ。左がオスで右がメス。

焼畑をおこなった農地（インドネシア、スラウェシ島）。

photo：ロイター／アフロ

熱帯の農業① 焼畑農業

熱帯雨林気候の地域では、伝統的に焼畑農業がおこなわれてきました。
ところが今、焼畑農業は熱帯雨林が減少する原因のひとつになっています。

✿ 伝統的な焼畑農業

「焼畑農業」とは、森の一部を燃やし、あとにのこった灰を肥料などにして農業をおこなう方法です。植物が密集しているところへ畑をつくるための方法として、熱帯の地域で広くおこなわれてきました。

もともと熱帯の土は酸性度が高く、農作物を育てるのには適していません。しかし、焼畑をすると、もえたあとにのこる灰が土を中和させ、また、肥料にもなるため、イモ類や穀類、バナナなどが育つようになります。熱によって、害虫や病原菌をへらす効果もあります。

焼畑農業は、数年間おこなうと雑草がふえたり、肥料を追加しないために土がやせたりして、農作物が育ちにくくなります。そうなると、別の土地に移動して焼畑農業をおこないます。これをくりかえし、10～20年後、ふたたび元の土地にもどってきます。苗が育ち、森林が回復したところで焼畑農業をおこなえば、土の状態を悪化させずに、農業をつづけられるしくみになっています。

熱帯の自然環境

プラス1ワン 過剰な焼畑農業が森を破壊

近年、短期間のうちにひんぱんに焼畑農業をくりかえしたり、大規模に焼畑農業をおこなったりすることが問題になっています。土がやせきってしまい、森がよみがえることができなくなってしまうからです。

この背景には、移住者やプランテーション農業（→P20）によって伝統的な焼畑農業の方法がまもられなくなっていることがあります。また、こうした地域では人口の増加によって、焼畑農業を短期間でくりかえさなければ、必要な食料の量をまかなえなくなっているという事情もあります。

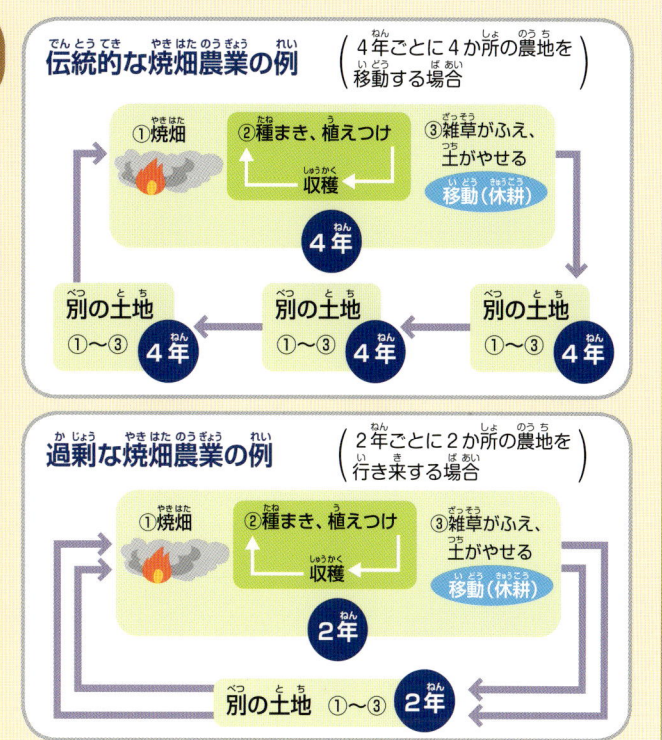

伝統的な焼畑農業の例
（4年ごとに4か所の農地を移動する場合）

①焼畑 → ②種まき、植えつけ／収穫 → ③雑草がふえ、土がやせる（移動（休耕））
4年

別の土地 ①～③ 4年 ← 別の土地 ①～③ 4年 ← 別の土地 ①～③ 4年

過剰な焼畑農業の例
（2年ごとに2か所の農地を行き来する場合）

①焼畑 → ②種まき、植えつけ／収穫 → ③雑草がふえ、土がやせる（移動（休耕））
2年

別の土地 ①～③ 2年

アマゾンの自然保護区で焼畑農業をおこない、キャッサバ（イモの一種）を収穫するブラジルの少年たち。
photo：ロイター／アフロ

熱帯の農業② 稲作

イネは、もともと熱帯の植物です。熱帯では、栽培されている種類が日本とはことなっています。

🌟 主力のインディカ種

イネの主な種類には、インディカ種、ジャポニカ種、ジャバニカ種があります。日本ではジャポニカ種がほとんどですが、熱帯をはじめ、世界で栽培されているイネの約8割はインディカ種だとされています。

インディカ種は病気に強く、農薬を使わずに育てることが可能です。肥料も必要なく、養分が多すぎるとたけが高くなりすぎてたおれてしまうほどです。

イネは、どの種も水を多くふくんだ土でも、ふつうの土でも生育できる上、畑（陸稲）でも水田（水稲）でも栽培できます。雨季に畑が水びたしになっても、かれてしまうことはありません。さらに、水田では連作障害をおこさずに何年でも栽培できるという長所もあります。

インディカ種の米（玄米）　ジャポニカ種の米（玄米）　ジャバニカ種の米（玄米）

➡ **連作障害**：ある作物をつづけて栽培したときに、だんだん収穫量がへる現象のこと。

田植えをするマダガスカル（アフリカ）の女性たち。

©Chris Read

熱帯の自然環境

東南アジアの国、ベトナムの水田。長期間土地が水につかってしまうことがあるので、イネのなかでも特殊な「浮き稲」とよばれる種類が栽培されている。

＋1ワン　モンスーンと稲作の時期

　東南アジアやインドの気候は、季節ごとに決まった方向からふく季節風「モンスーン」の影響を受けて、雨季や乾季が生じています。

　モンスーンは、海と陸の温度差によっておこります。海と陸とでは陸のほうがあたたまりやすく、ひえやすくなっています。夏に日光をあびてあたたかくなった陸で上昇気流がおこると、そこへむかって海上のつめたい空気がふきだします。冬にはひえた陸の空気が、あたたかい海上にむかってふきだします。

　モンスーンの影響を受けているこうした地域では、多くの場合、雨季にあわせて稲作がおこなわれます。一方、川から水をひくなどしたかんがい設備のあるところでは、乾季にも稲作がおこなわれ、1年間に2回稲作をおこなう二期作の地域もあります。

モンスーンの季節変化の例

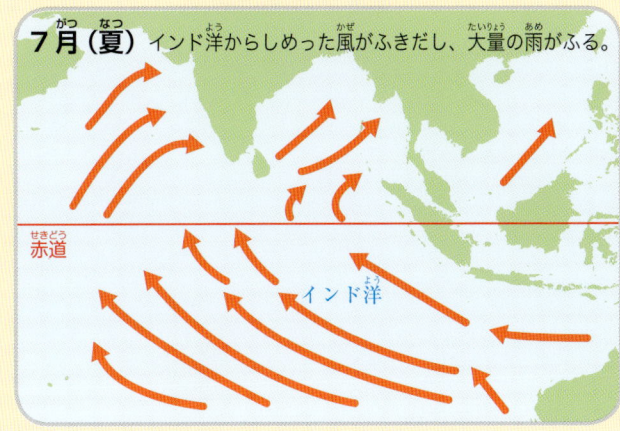

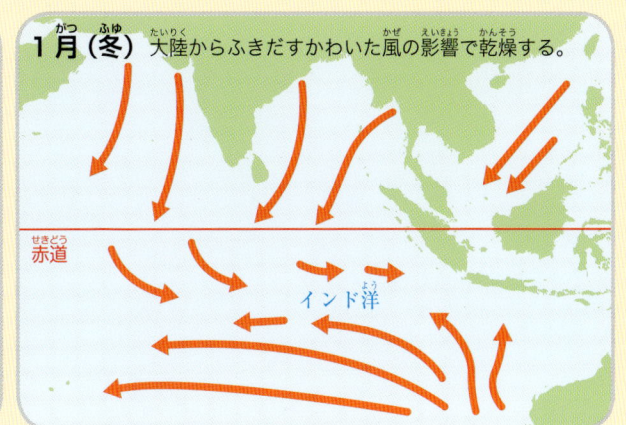

7月（夏） インド洋からしめった風がふきだし、大量の雨がふる。

1月（冬） 大陸からふきだすかわいた風の影響で乾燥する。

熱帯の農業③ プランテーション農業

熱帯の多くの地域では、19世紀後半から、プランテーション農業とよばれる大規模な農業がおこなわれるようになりました。

✿ プランテーション農業

プランテーション農業とは、広い農地で一種類の農作物だけを大量に生産する農業のことです。主に栽培されている農作物は、その地域が原産ではなく、大量に生産するために他国からもちこまれたものが多くをしめています。

農作物	プランテーション農業がおこなわれている主な国
サトウキビ	インド、ブラジル
コーヒー	エクアドル、グアテマラ、ブラジル、ベトナム
カカオ	インドネシア、ガーナ、コートジボワール、コスタリカ
天然ゴム	インドネシア、タイ、マレーシア
バナナ	インド、エクアドル、フィリピン、ブラジル

東南アジアの国、マレーシアのプランテーション農園のゴムの木。皮にきずをつけて、流れでる樹液を集める。

南アメリカの国、グアテマラのコーヒー農園。たくさんの赤い実がコーヒー豆となる。

熱帯の自然環境

中央アメリカの国、コスタリカのカカオのプランテーション農園。1年に2回ほど収穫できる。

カカオの実。

✦ 植民地化とプランテーション農業

　プランテーション農業は、19世紀後半に交通機関の発達とともに、ヨーロッパ諸国の植民地を中心に本格化しました。主に熱帯の土地が切りひらかれ、ヨーロッパ人の経営で大量生産がおこなわれました。つくられた農作物は本国へ輸出され、大きな利益を生みだしました。第二次世界大戦後、植民地の国ぐにが独立をはたすと、プランテーションの経営主は民間企業や現地の農家へとかわりました。

　プランテーション農業でつくられた農作物は、ほとんどが輸出され、基本的にその国で消費されることはありません。それどころか、多くの労働力をついやしてしまった結果、逆にその国の生産活動にかたよりが生じ、食料や資源が不足する原因となっています。

➡ **植民地**：他国から政治的・経済的に支配された地域や国のこと。

熱帯の都市 1

ブラジル
マナウス
のくらし

🟧 熱帯雨林気候

経緯度 南緯3度6分　西経60度1分

歴史
マナウスは入植者（植民地としてうつりすんだ人びと）によってつくられた町です。1669年にポルトガル人が入植するまでは、先住民がくらす小さな村でした。入植によって、アマゾン地域開発の拠点として町がつくられ、19世紀末には天然ゴムの輸出によって大きくさかえ、現在は西部アマゾン最大の都市となっています。

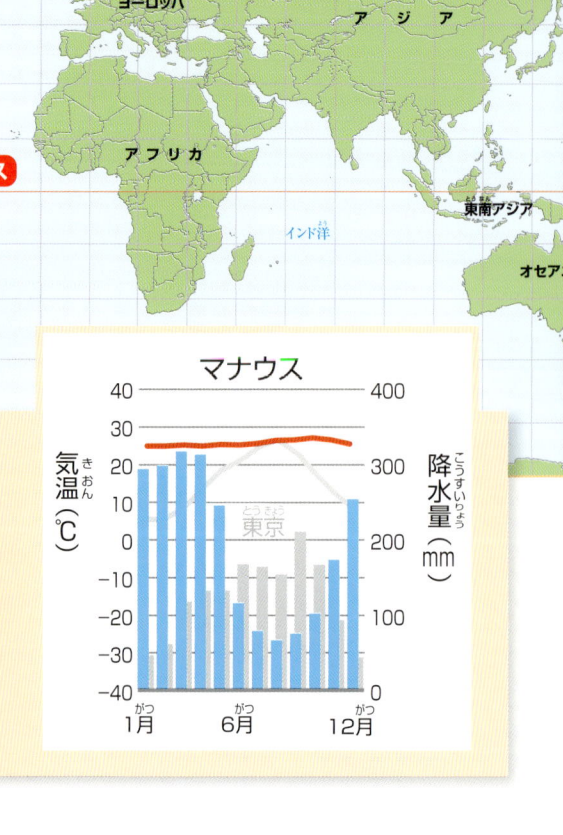

✪ マナウスの気候と位置

マナウスは、熱帯雨林気候にあたります。1年を通じて気温が高く、たくさんの雨がふります。マナウスは、世界最大の熱帯雨林であるアマゾンのまっただなかにあり、市街地のすぐ外側は熱帯雨林です。

マナウス市内にアマゾン川が流れていて、下流域とマナウスをむすぶ重要な交通路となっています。アマゾン川の水位は雨の量によって大きく変化し、その差は10m以上にもなります。水量の多いときには、川の水が市街地にあふれだすこともしばしばです。

海抜の低いところや川ぞいの家は、浸水にそなえて高床式になっている。
©Charlotte Feld

アマゾン川でとれたさまざまな魚がならぶ市場。

⭐ マナウスの伝統料理

マナウスでは、アマゾン川でとれた魚介類をよく料理に使います。伝統料理として有名なのは、酸味のあるスープ「タカカ」です。スープは、「マンジョーカ（キャッサバ）」からつくられるアマゾン独特の調味料に、でんぷんでとろみをつけたものです。ヤシの実を半分に切ってつくった専用の器に入れて、竹ぐし1本で食べます。

タカカ。具は、舌がピリピリとしびれる「ジャンブー」（セリ科）という香草と川エビ。

ピラニア。白身魚として料理にもよく使われる。

ジュースの屋台があちこちにあり、新鮮なくだもののジュースが売られている。

ハンモックは木や柱のあいだにつりわたして使う寝具。熱がこもりにくいのでむしあつい夜でもねぐるしさをやわらげてくれる。アマゾンの先住民が考案したといわれ、家庭でもよく使われている。

熱帯の都市 2

バングラデシュ ダッカのくらし

■ サバナ気候

経緯度 北緯23度42分、東経90度24分

歴史
ダッカは、18世紀のなかばまで、ムガル帝国（インドにあったイスラム教の帝国）の支配下にありました。とくに17世紀、ベンガル州の州都になると貿易港として大きくさかえました。18世紀後半からはイギリスの植民地となりましたが、1947年にパキスタンの一部としてイギリスから独立。さらに1971年にはパキスタンから独立し、バングラデシュの首都となりました。現在のダッカは、地方から人が流れこみ、人口が急激にふえています。

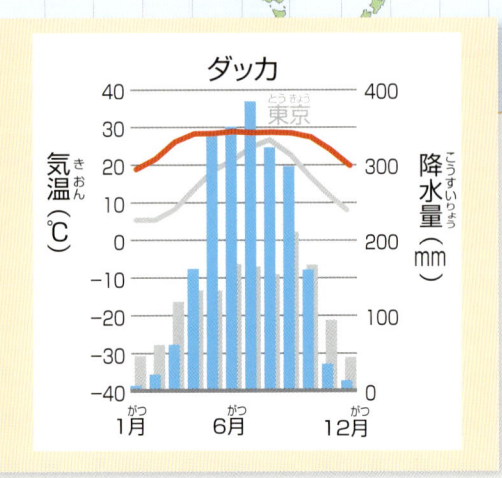

✳ ダッカの気候

ダッカの気候は、モンスーンの影響を受けた雨季と乾季があるサバナ気候です。

10月ごろ、ユーラシア大陸*の内部から、ベンガル湾にむかってつめたいかわいた空気がふきだすようになります。これによってダッカは乾季となります。5月ころになると、今度はインド洋上であたたまったしめった空気がふきこみ、雨季となります。

ダッカの市内にはガンジス川とブラマプトラ川が合流したブリガンガ川が流れています。上流に雨がふると一気に洪水となります。また、雨季に前後して、ひんぱんにサイクロンがおそうため、海抜の低いダッカは広い範囲が水没してしまいます。

*ヨーロッパとアジアがふくまれる世界最大の大陸。

洪水によって水にしずんでしまった町を行き来する人びと

photo：ロイター／アフロ

ダッカの主な移動手段は人力車の「リクシャー」。
©joisey showaa

⭐ 食事

　長くインドの支配下にあったバングラデシュでは、インド料理の「カレー」のような、にこみ料理がよく食べられています。野菜や肉のほか、川や海でとれた魚を使ったカレーが特徴で、米やパンといっしょに食べるのがふつうです。なお、バングラデシュはイスラム教徒が多く、豚肉を食べることは、戒律で禁じられています。

ジャガイモのカレー（奥）と、「ルチ」とよばれるあげパン（手前）。バングラデシュでよく食べられているパンのひとつ。
©Kaustav Bhattacgarta

井戸の水をくむ女性たち。ダッカでは洪水やサイクロンによる浸水で、水の汚染が問題になっている。
©dpu_uci

➕1ワン ダッカの服装

　ダッカでは、ワンピースに動きやすいズボンをあわせ、ショールをまいた「サロワ・カミューズ」などとよばれる服装をふだん着とする女性が多くなっています。あらたまった場では伝統的な衣装である「サリー」も着られています。
　男性は、ふだん着にはワイシャツやTシャツにズボンの組みあわせが多くなっています。ズボンのかわりに、腰からくるぶしまでの長さの筒状の布を、おなかのところでまきこんだ「ルンギ」を身につけた姿も多くみられます。

熱帯の都市 3

タンザニア
ダルエスサラームのくらし

▬ サバナ気候

経緯度 南緯6度49分　東経39度16分

歴史

ダルエスサラームは、当時近隣を支配していたイスラム王朝によって、19世紀後半に貿易港として開発されました。その後、ドイツの支配を受けるようになり、1964年に現在のタンザニアができると首都がおかれました。1974年に首都はドドマへうつされましたが、インド洋に面する東部アフリカ最大の貿易港があるダルエスサラームは、実質的に首都の役割をはたしています。

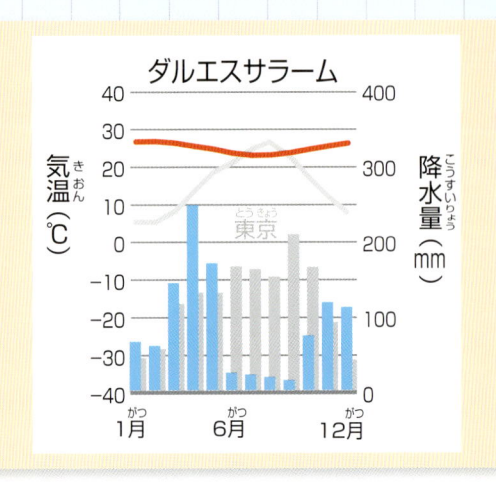

ダルエスサラームの中心部。
©Blue moon in her eyes

★ ダルエスサラームの気候

ダルエスサラームの位置するインド洋沿岸部は、サバナ気候です。雨季が2回あり、とくに3月～5月の雨季は雨量が多く、「大雨季」とよばれます。早朝から大雨がふりますが、午後にはやみ、はれることもしばしばです。11月～1月にかけておとずれるもうひとつの雨季は、「小雨季」とよばれます。雨量はそれほど多くはありませんが、梅雨のように小雨が長くつづきます。乾季の6月～10月にも、少量の雨がふります。

©Chiziness

ダルエスサラームの港で魚のにあげをする人びと。 ©Stefan Magdalinski

✦ 主食のウガリ

　主食としてよく食べられているのは、トウモロコシやキャッサバの粉を水でこねてつくる「ウガリ」という料理です。小麦粉でつくるひらたくて丸いパンや、塩味をつけてにた豆も食べられています。

　ウガリを食べるときに主なおかずとなるのは、野菜の入ったトマト味のスープである「ムチュジ」です。肉や野菜など、具になにを入れるかによって名前がかわります。

　肉やニンジン、タマネギ、ジャガイモなどをトマトとピーナッツペーストでにた「カランガ」というシチューも、ウガリとともによく食べられているおかずのひとつです。

　近海でとれた魚をあげたものやスープにしたものも多く食べられています。

牛肉と野菜をにこんだカランガ。

女性は「カンガ」というはでな模様の布を身にまとうことが多い。

手前の白いかたまりがウガリ。食べやすい量を手にとって、おかずのムチュジ（奥左）につけながら食べる。

熱帯の都市 4

1974年12月には、ダーウィンをおそったサイクロンによって町の建物の7割が破壊され、71人が死亡した。
photo：AP／アフロ

オーストラリア
ダーウィンのくらし

■ サバナ気候

経緯度 南緯12度27分　東経130度50分

歴史

ダーウィンには、オーストラリアのほかの地域と同じように、もともと先住民のアボリジニがすんでいました。しかし、1600年代にヨーロッパ人がやってくると、アボリジニは次第に内陸部へおいやられ、1869年にはイギリスの植民地として町がつくられました。1976年、ダーウィンがふくまれるノーザン・テリトリー州で、オーストラリアではじめてアボリジニの土地所有権をみとめる法律ができると、ふたたび多くのアボリジニがくらすようになりました。

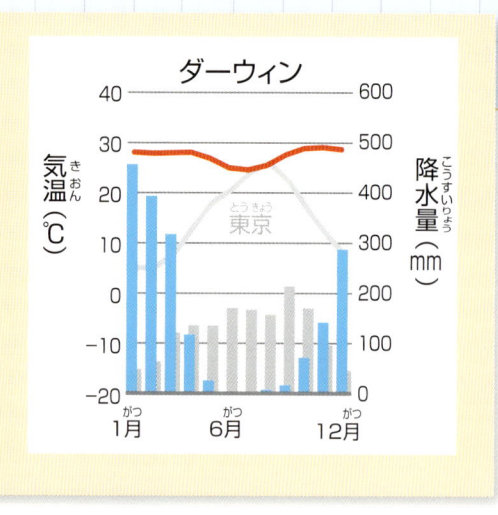

ダーウィンに大雨をふらせている積乱雲。
©Christopher Schoenbohm

★ ダーウィンの気候

ダーウィンは、オーストラリアの最北端に位置しています。南半球にあるので、季節は日本と逆になり、11月〜4月まではむしあつい雨季で、5月〜10月まではさわやかですごしやすい乾季です。雨季にはスコールのほか、サイクロンにみまわれます。

✦ アボリジニの食事

　アボリジニの独自の食文化は、ヨーロッパの食文化が入ってくるにつれてすたれてしまいましたが、最近になってみなおされるようになりました。とくにアボリジニが食べてきた伝統的な食材は、「ブッシュタッカー」とよばれています。

　肉で主に食べられているのは、カンガルーやシカ、大型の鳥エミューなどです。とくにカンガルーは、低脂肪、低コレステロール、高たんぱくの肉として注目されていて、さまざまな料理に使われます。

　また、野菜やビリーゴートプラムというくだもののほか、ブラックベリーなどの木の実や昆虫なども食べられています。ダーウィンがあるオーストラリア北部では、「バラマンディ」とよばれる大型の白身魚がとれ、あげたり焼いたりして食べられています。

カンガルー肉を焼いた料理。

バラマンディをむしやきにした料理。

バラマンディ。沿岸部や川にすむ。体長は1.5mほどになる。

ダーウィンの浜辺で開かれる市場。アボリジニの女性が絵画を売っている。

さくいん

あ

アカシア	11, 14
アグーチ	13
アフリカ	6, 8, 10, 11, 18, 26
アフリカゾウ	14
アボリジニ	28, 29
アマゾン	9, 13, 17, 22
アマゾン川	8, 22, 23
イギリス	24, 28
イスラム教徒	25
稲作	18, 19
イネ	18
イネ科	11
イボイノシシ	14
イモ類	16
インディカ種	18
インド	19, 20, 24, 25
インドネシア	12, 16, 20
ウガリ	27
雨季	4, 5, 6, 10, 11, 18, 19, 24, 26, 28
浮き稲	19
エクアドル	20
エミュー	29
オウギワシ	13
オーストラリア	28
沖縄	4, 9
オランウータン	12

か

カーチンガ	10
ガーナ	20
カカオ	20, 21
カピバラ	13
カランガ	27
カレー	25
カンガ	27
カンガルー	29
乾季	4, 5, 6, 10, 11, 19, 24, 26, 28
ガンジス川	24
干ばつ	6
カンポ	10
キオビヤドクガエル	13
キャッサバ	17, 23, 27
共存関係	11, 14
キリン	11, 14
グアテマラ	20
グランチャコ	10
クロサイ	15
ケッペンの気候区分	2, 4
ケブラチョ	10
コアリクイ	13
洪水	6, 24, 25
高木層	8, 13
コートジボワール	20
コーヒー	20
穀類	16
コスタリカ	20, 21
コモンリスザル	13

さ

サイクロン	6, 7, 24, 25, 28
サトウキビ	20
サバナ	10, 11
サバナ気候	4, 10, 11, 14, 15, 24, 26, 28
サリー	25
サロワ・カミューズ	25
ジェレヌク	14
シマウマ	15
ジャガー	13
ジャバニカ種	18
ジャポニカ種	18
ジャングル	8
小雨季	26
植民地	21
スコール	4, 28
スマトラトラ	12
赤道	4, 5

セルバ …………………………………… 8
草食動物 ……………………………… 14, 15

た

ダーウィン …………………………… 28, 29
タイ ……………………………………… 20
大雨季 …………………………………… 26
台風 ……………………………………… 6, 7
タカカ …………………………………… 23
高潮 ……………………………………… 7
ダチョウ ………………………………… 15
ダッカ …………………………………… 24, 25
食べ分け ………………………………… 14
ダルエスサラーム ……………………… 26, 27
タンザニア ……………………………… 26
地球温暖化 ……………………………… 6, 7
地球の肺 ………………………………… 9
地表層 …………………………………… 8, 13
中央アメリカ …………………………… 13, 21
超高木層 ………………………………… 8, 13
天然ゴム ………………………………… 20, 22
ドイツ …………………………………… 26
東南アジア ………………… 8, 9, 12, 19, 20
トウモロコシ …………………………… 27

な

ナイジェリア …………………………… 10
ナマケモノ ……………………………… 13
二期作 …………………………………… 19
肉食動物 ………………………………… 15
日本 ……………………………………… 4, 9, 18
ヌー ……………………………………… 14
熱帯雨林 …………… 8, 9, 12, 13, 14, 16, 22
熱帯雨林気候 …………………… 4, 12, 16, 22
熱帯低気圧 ……………………………… 6, 7

は

バオバブ ………………………………… 11
パキスタン ……………………………… 24
バナナ …………………………………… 16, 20
バラマンディ …………………………… 29
ハリケーン ……………………………… 6, 7
バングラデシュ ………………………… 24, 25
ハンモック ……………………………… 23
ピラニア ………………………………… 23
ビリーゴートプラム …………………… 29
フィリピン ……………………………… 20
ブッシュタッカー ……………………… 29
ブラジル ………………… 10, 17, 20, 22
ブラマプトラ川 ………………………… 24
プランテーション農業 ………… 17, 20, 21
ブリガンガ川 …………………………… 24
ベトナム ………………………………… 19, 20
ベニコンゴウインコ …………………… 13
ほ乳類 …………………………………… 13

ま

マダガスカル …………………………… 11, 18
マナウス ………………………………… 22, 23
マレーシア ……………………………… 20
マングローブ …………………………… 9
マンジョーカ …………………………… 23
南アメリカ ……………………… 10, 13, 20
ムチュジ ………………………………… 27
モザンビーク …………………………… 6
モンスーン ……………………………… 19, 24

や・ら

八重山諸島 ……………………………… 9
焼畑農業 ………………………………… 16, 17
ユーラシア大陸 ………………………… 24
ヨーロッパ ……………………………… 21, 29
ライオン ………………………………… 15
落葉樹 …………………………………… 10
ラッパチョウ …………………………… 13
リャノ …………………………………… 10
ルチ ……………………………………… 25
ルンギ …………………………………… 25
連作障害 ………………………………… 18

■ **監修／高橋日出男**
1959年、東京都生まれ。東北大学理学部卒業。東北大学大学院理学研究科博士課程修了。現在、首都大学東京大学院都市環境科学研究科教授。著書は『フレーベル館の図鑑ナチュラ ちきゅうかんきょう』（監修、フレーベル館）、『地理学基礎シリーズ 自然地理学概論』（共編著、朝倉書店）など。

■ **著／こどもくらぶ**
こどもくらぶは、あそび・教育・福祉分野で、子どもに関する書籍を企画・編集しているエヌ・アンド・エス企画編集室の愛称。年間100冊程度を制作している。
「世界地図から学ぼう国際理解」全6巻（ほるぷ出版）
「池上彰のニュースに登場する国ぐにのかげとひかり」全4巻（さ・え・ら書房）
「発見・体験！ 地球儀の魅力」全3巻（少年写真新聞社）

● 編集／木矢恵梨子
● 表紙・本文デザイン／西尾朗子

■ **DTP制作**
株式会社
エヌ・アンド・エス企画

■ **写真協力**（掲載順）
©Christopher Schoenbohm
©TuAnh Nguyen
©Tony Hisgett
©andreanita
©Hoang Giang Hai
©daagron　©Eric Isselée
©Nazzu　©RKPHOTO
©tiero - Fotolia.com
©Tomas Hajek ¦ Dreamstime.com
林幸博（日本大学）
松尾絵里子
Nasa images

雨温図資料：
『理科年表　平成24年版』

経緯度情報参考資料：
http://gpscycling.net/fland/latlon/index.htm
http://www.geocoding.jp/

※この本の情報は、2012年9月までに調べたものです。今後変更になる可能性がありますので、ご了承ください。

気候帯でみる！ 自然環境　①熱帯

2012年11月22日　初版第1刷発行

監　修　　高橋日出男
著　　　　こどもくらぶ

発行人　　松本恒
発行所　　株式会社　少年写真新聞社
　　　　　〒102-8232　東京都千代田区九段南4-7-16 市ヶ谷KTビルI
　　　　　電話 03-3264-2624　FAX 03-5276-7785
　　　　　URL http://www.schoolpress.co.jp
印刷所　　図書印刷株式会社

© Kodomo Kurabu　2012　Printed in Japan　　　　ISBN978-4-87981-440-1　C8340　NDC450
本書を無断で複写、複製、デジタルデータ化することを禁じます。乱丁・落丁本はお取り替えいたします。定価はカバーに表示してあります。